水肥一体化技术图解系列丛书

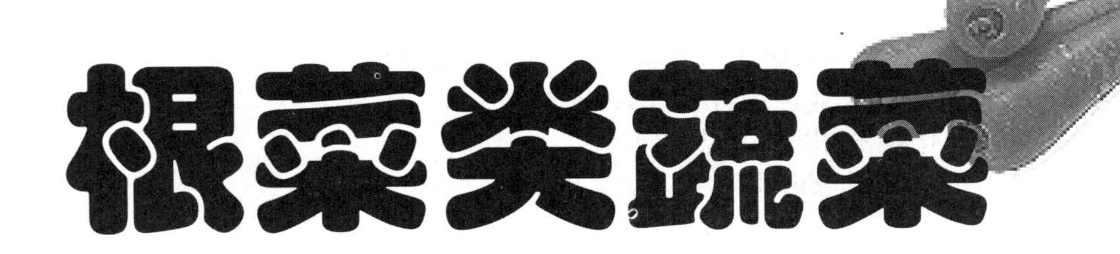

水肥一体化技术图解

涂攀峰　张承林　编著

中国农业出版社
北　京

图书在版编目（CIP）数据

根菜类蔬菜水肥一体化技术图解 / 涂攀峰，张承林编著．—北京：中国农业出版社，2019.8
（水肥一体化技术图解系列丛书）
ISBN 978-7-109-25865-5

Ⅰ．①根…　Ⅱ．①涂…②张…　Ⅲ．①根菜类蔬菜－肥水管理－图解　Ⅳ．①S631-64

中国版本图书馆 CIP 数据核字（2019）第 186800 号

中国农业出版社出版
地址：北京市朝阳区麦子店街 18 号楼
邮编：100125
责任编辑：魏兆猛　　责任校对：赵　硕
印刷：中农印务有限公司
版次：2019 年 8 月第 1 版
印次：2019 年 8 月北京第 1 次印刷
发行：新华书店北京发行所
开本：787mm×1092mm　1/24
印张：3
字数：80 千字
定价：15.00 元

前言

FOREWORD

根菜类蔬菜主要有胡萝卜、萝卜、淮山药、芋头、洋葱、生姜等作物，是我国广泛种植的蔬菜，灌溉和施肥非常频繁。水肥管理与根菜类蔬菜的产量和品质有密切的关系。传统意义上频繁的灌溉和施肥，会增加劳动力投入和劳动强度。此外，由于不合理的水肥管理，生产上存在施肥成本高、施肥盲目、过量施肥、不平衡施肥，土壤酸化、盐化、板结，地下水污染、土传病虫害加剧等问题。特别是劳动力成本逐年上涨，种植户不堪重负。水肥一体化技术是目前国家大力推广的高效灌溉施肥技术，具有显著的省工、节肥、省水、高效、高产、环保的优点。近年来，我国在根菜类蔬菜上也有大量的水肥一体化技术应用，取得明显的成效。水肥一体化技术是综合技术体系，有系统的理论和技术细节，市面上已有多部专著详细介绍。但大篇幅的技术专著更适合专业技术人员阅读。

对根菜类蔬菜种植户而言，他们迫切需要一本图文并茂、通俗易懂、实用性强的技术图册来学习和掌握相关知识。本图册正是为满足这一需求而编写的。

由于受篇幅所限，本书只能概括性地介绍水肥一体化技术相关的理论、设备、肥料和管理措施。各种植区气候、土壤、人文环境存在差异，导致物候期、施肥方案以及田间管理也会存在差异，读者在阅读时可根据当地的实际情况酌情调整，尤其是施肥方案，施肥方案的科学制定需要土壤、灌溉水等的基本数据，这些数据与地域有关。本书的施肥方案仅作为参考。

本图册是作者多年研发推广水肥一体化技术的理论和实践经验的总结。全书由张承林、涂攀峰负责编写，书中插图由林秀娟绘制。在编写过程中，华南农业大学作物营养与施肥研究室邓兰生、程凤娴、杨依彬等同事提供了有关技术资料、照片、图表等，在此表示衷心感谢。

目录

CONTENTS

水肥一体化技术的基本原理

作物要正常生长需要五个基本要素：光照、温度、空气、水分和养分。

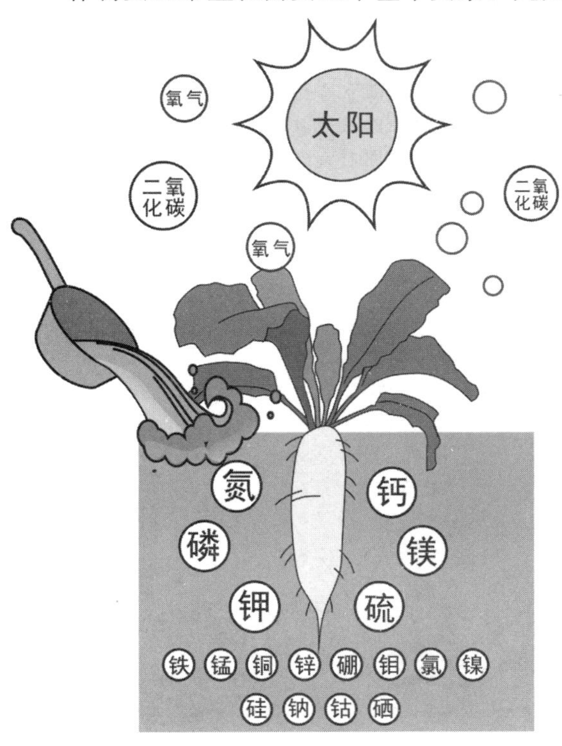

空气指大气中的二氧化碳和土壤中的氧气。在田间情况下，光照、温度、空气是难以人为控制的，只有水肥两个生长要素是可以人为控制的，这就是合理的灌溉和施肥。

作物需求的养分包括：

大量元素：氮、磷、钾。

中量元素：钙、镁、硫。

微量元素：铁、硼、铜、锰、钼、锌、氯、镍。

有益元素：硅、钠、钴、硒。

小嘴
大嘴
根系主要吸收离子态养分，肥料只有溶解于水后才变成离子态养分。所以水分是决定根系能否吸收到养分的决定性因素。没有水的参与，根系就吸收不到养分。肥料必须要溶解于水后根系才能吸收，不溶解的肥料是无效的。肥料一定要施到根系所在范围。水肥配合施用，养分离子随水到达根表而被吸收。常规的撒施方式下大部分肥料没有被吸收，停留于土壤表面或根区外的区域，利用率不高。
作物有两张嘴，大嘴叫根系，小嘴叫叶片。作物主要是依靠根系吸收水分和养分。叶片喷肥只起补充作用。

撒干肥不配合灌溉，根系没法吸收肥料
肥料

水肥一体化技术满足了“肥料要溶解后根系才能吸收”的基本要求。在实际操作时，将肥料溶解在灌溉水中，由灌溉管道输送到田间的每一株作物的根区，根系在吸收水分的同时吸收养分，即灌溉和施肥同步进行。淋水肥是简易的水肥一体化管理。

水肥一体化有广义和狭义的理解。广义的水肥一体化就是灌溉与施肥同步进行，狭义的水肥一体化就是通过灌溉管道施肥，如滴灌施肥、喷水带施肥、喷灌机施肥。

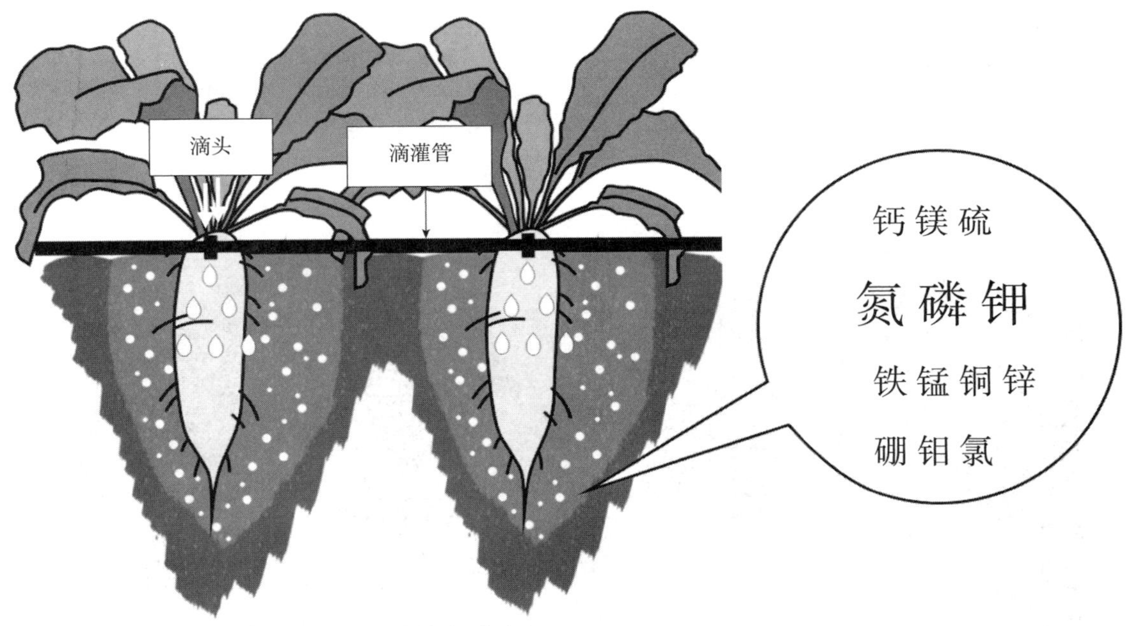

根在哪里，水肥就供应到哪里。

生产上根菜类蔬菜的主要灌溉形式

滴灌

滴灌是指具有一定压力的灌溉水，通过滴灌管输送到田间每株作物，管中的水流通过滴头出来后变成水滴，连续不断的水滴对根区土壤进行灌溉。如果灌溉水中加了肥料，则滴灌的同时也在施肥。

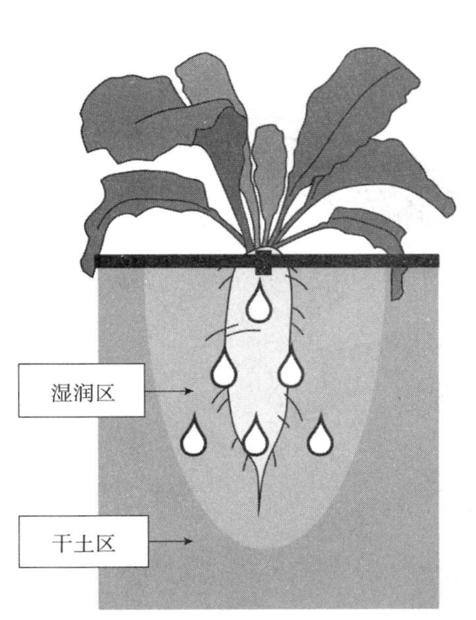

滴灌时，滴头下方会形成一条连续的湿润带。对萝卜、胡萝卜等密植作物，当采用滴灌时，必须使两条滴灌带之间的湿润部分有重叠。两条滴灌带间距是由土壤质地决定的，沙土间距小、黏土间距宽。淮山种植采用滴灌时，只需在种植行布置一条滴灌管或者滴灌带。

常见的滴灌管或滴灌带

内镶柱状滴灌管，寿命长、价格贵

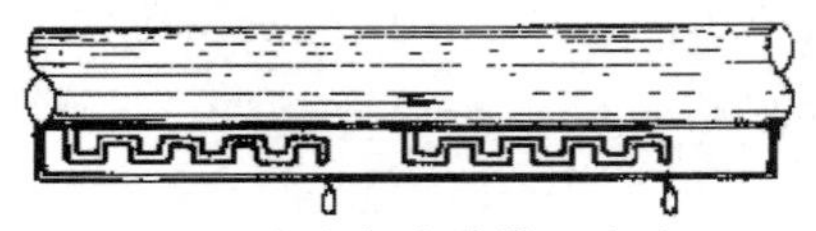

边缝式滴灌带，多为一季作物使用，价格便宜

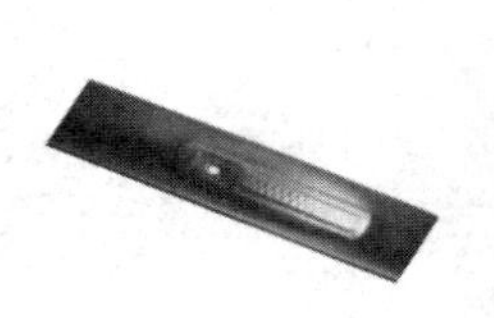

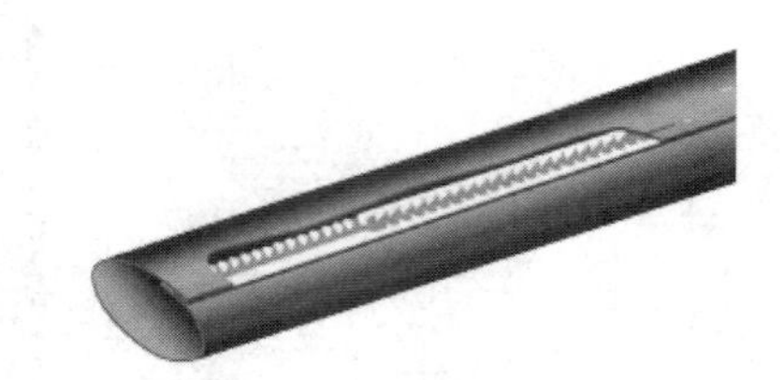

内镶贴片式或者连续贴片式滴灌带，最适合生长季节短的作物应用，性价比最高，可反复多次使用。

可选择0.2毫米、0.3毫米或0.4毫米壁厚，通常壁厚越厚，寿命越长。厂家有各种滴头流量和间距供选择。通常两行萝卜铺设一条滴灌带，沙壤土滴头间距20~30厘米，流量1.0~2.0升/小时。壤土滴头间距30~40厘米，流量1~2升/小时。

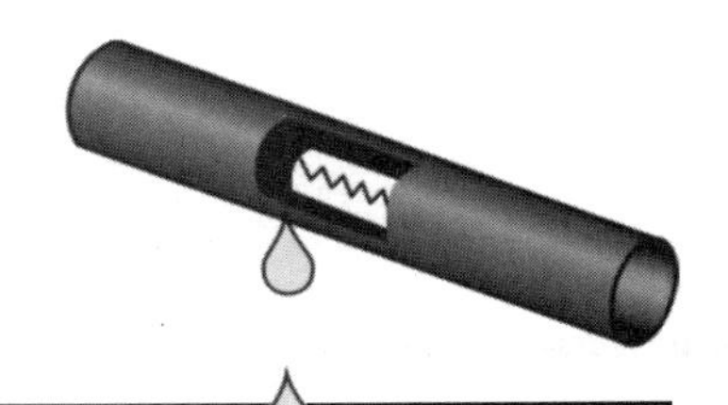

滴灌的优点

1. 节水：水分利用效率高，可以达到60%～90%。
2. 节工：可以节省80%以上用于灌溉和施肥的人工，大幅度降低劳动强度。做到灌溉追肥不下田。
3. 节肥：肥料利用率高，比常规施肥节省30%以上的肥料。
4. 节药：部分湿润土壤，相对湿度低，降低发病率，减少农药用量。
5. 高效快速，可以在极短的时间内完成灌溉和施肥工作，生长整齐。可以精确实现水肥调控。
6. 对地形的适应强，不论平地、山坡地均可栽植。
7. 可以在沙地等保水保肥差的土壤上种植作物。
8. 有利于实现标准化、集约化栽培。
9. 水分养分同时供应，少量多次施肥更符合作物需求。
10. 后期封行后追肥方便，可以及时补肥。

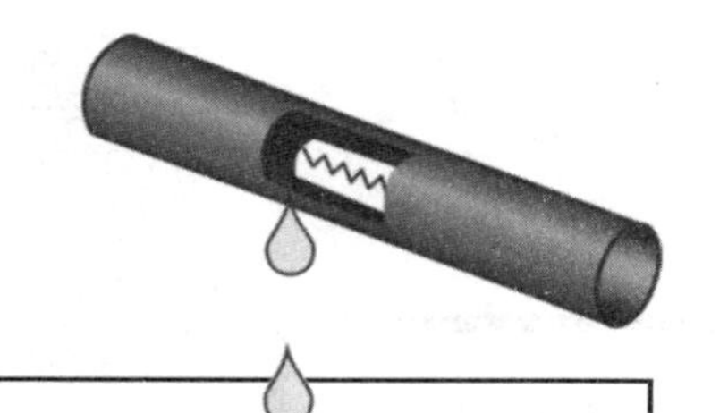

滴灌的不足

1. 如果管理不好，滴头容易堵塞。
2. 一次性的设备投资较大。
3. 在水源压力一定时，滴灌一般以固定面积的轮灌区操作，对不规整的地块操作不便。但自压滴灌则不受轮灌区大小限制。
4. 作物收获前要回收滴灌管道，增加人工成本。回收后的滴灌管大部分无法再次使用。
5. 由于采用薄壁滴灌带，使用过程中易发生机械损伤及虫、鼠、鸟咬噬，需要经常去田间修补。
6. 要求施用的肥料杂质少、溶解快，增加施肥成本。

淮山药的浅生槽种植技术，通过人为将淮山药块茎垂直向下生长改为块茎靠近垄面土层一定斜度定向生长，利用浅土层昼夜温差大、土壤疏松透气的特点，使淮山药生长快、收获省力省时。通常用U型塑料槽，长、宽、深为100厘米×6厘米×3厘米。放置斜度为15°。槽内放入松软填料（如粉沙，粉沙加木糠、木屑等，盖上2～3厘米薄土）。

种植淮山药的塑料浅生槽

大田淮山药种植

当采用U型槽种植时，由于U型槽隔断了底土的养分和水分供应，而U型槽空间有限，保水保肥能力低，此时更需要少量多次的灌溉和施肥来满足淮山药生长的需要。

建议用压力补偿式滴灌系统可以满足这一需求。在两行淮山药间布置一条16毫米外径的PE盲管，在盲管上连接4毫米的PE软管，软管的另一端安装压力补偿外置滴头，滴头位置放在定植苗处，滴头用夹子固定。每株苗一个滴头。滴头流量选择1～2升/小时，流量宜小不宜大。滴灌的工作压力在8～35米水压范围滴头都可以均匀滴水。在过滤系统正常情况下，滴头不堵塞，滴灌系统可多年使用。

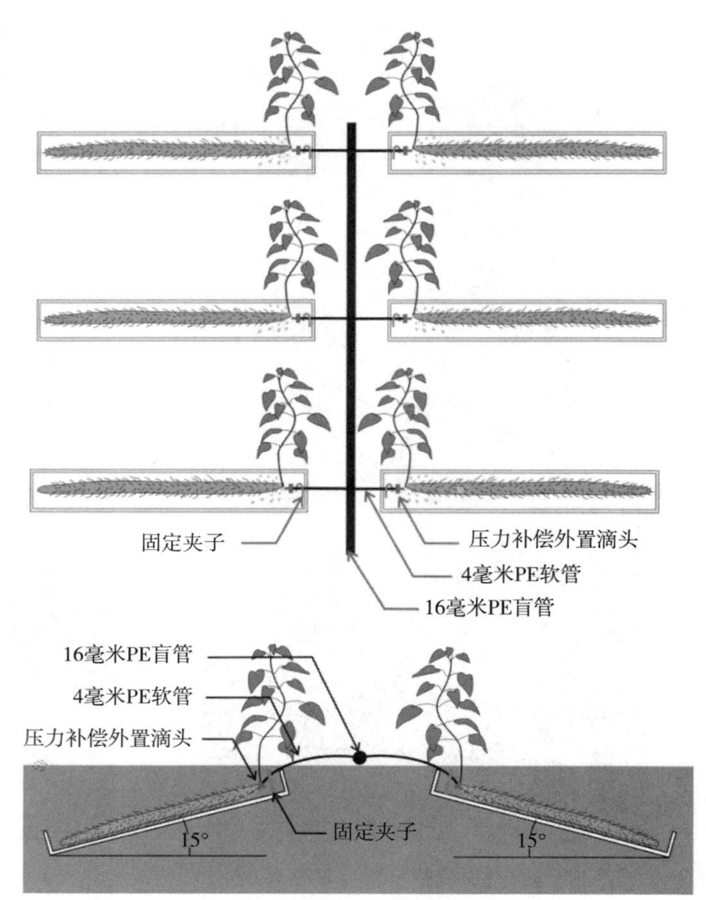

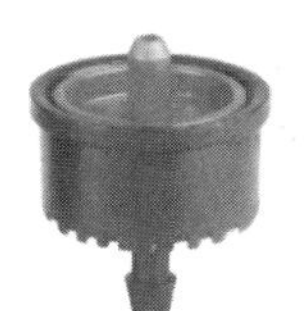

各种流量的压力补偿滴头

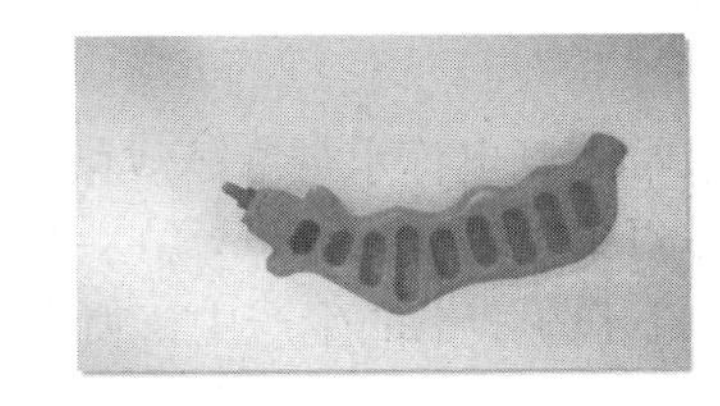

安装滴头用的打孔器

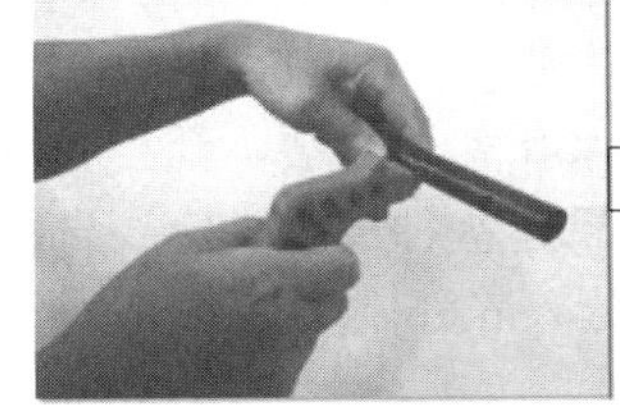

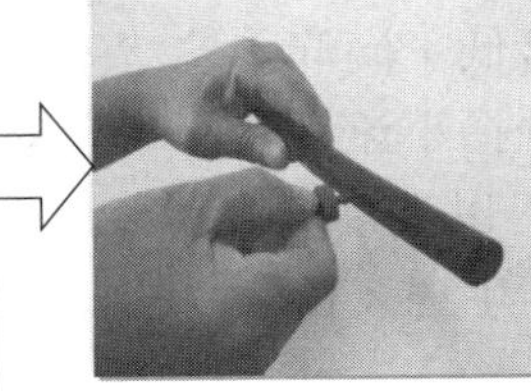

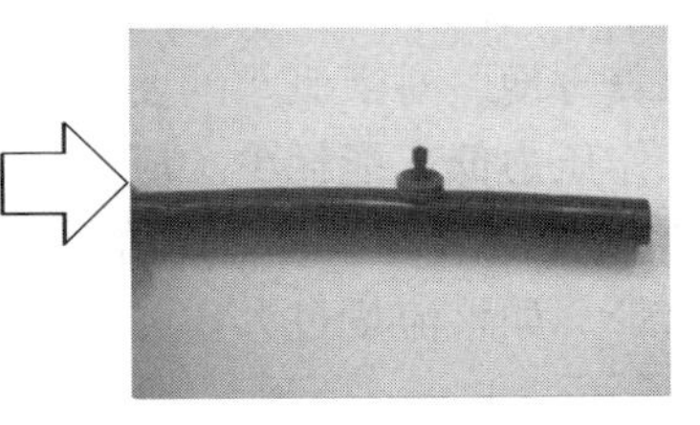

安装在PE盲管上的压力补偿滴头，用专用打孔器在PE管上打孔，用手将滴头压入孔内。

外置压力补偿滴头非常耐用，国外有些压力补偿滴头已在田间应用30多年。不足是价格较高。

喷水带灌溉

喷水带灌溉也称水带灌溉或微喷带灌溉，是在 PE 软管上直接开 0.5～1.0 毫米的微孔出水，无需再单独安装出水器，在一定压力下，灌溉水从孔口喷出，高度可达几十厘米至 1 米。

在萝卜和胡萝卜的生产中，喷水带灌溉是一种非常方便的灌溉方式。喷水带规格有 25 毫米、32 毫米、40 毫米、50 毫米四种，单位长度流量为每米 50～150 升/小时。

喷水带灌溉简单、方便、实用。只要将喷水带按一定的距离铺设到田间就可以直接灌水，收放和保养方便。对灌溉水的要求显著低于滴灌，抗堵塞能力强，一般只需做简单过滤即可使用。工作压力低，能耗少。应尽量选择小流量喷水带，喷水孔朝上安装，铺设长度不超过 50 米。垄高很低或者不起垄种植时，可以直接用喷水带。如果起垄种植，一定要选择流量较小的喷水带。如果流量过大，可能会产生地表径流，导致水分、养分流入垄沟。

喷水带灌溉系统的田间布置模式见下表。

水带直径为 32 毫米，流量为 80 升/（米·小时）。喷水带的湿润幅度及流量与工作压力有关，不是一个固定参数。

长度＼压力	0.1 兆帕	0.15 兆帕	0.18 兆帕
40 米	3.00	3.60	4.20
60 米	4.20	5.10	6.10
80 米	6.00	7.20	8.40
100 米	8.40	10.0	11.7

注：表中数字单位：米^3/小时。

田间胡萝卜应用喷水带的场景

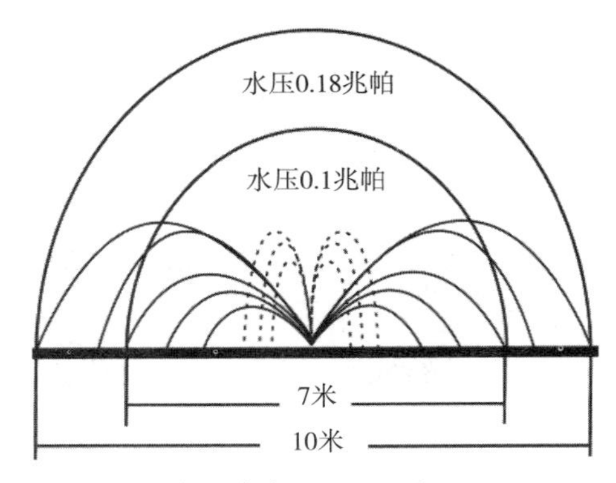

喷水带喷水压力示意图

喷水带灌溉的优点

1. 适应范围广。
2. 抗堵塞性能好（对水质和肥料的要求低）。
3. 一次性设备投资相对较少 。
4. 安装简单，使用方便（用户可自己安装），维护费用低。
5. 对质地较轻的土壤（如沙地）可以少量多次快速补水，多次施肥。
6. 回收方便，可以多次使用。

喷水带连接配件

喷水带灌溉的不足

1. 全区域无差别灌溉，特别在喷肥的情况下，苗期容易滋生杂草。
2. 在高温季节，容易形成高湿环境，加速病害的发生和传播。
3. 喷水带只适合平地灌溉，地形起伏不平或山坡地不宜使用。
4. 喷水带的铺设长度一般只有滴灌管的一半或更短，需要更多的输水支管。
5. 喷水带的管壁较薄，容易受水压、机械和生物等影响导致破损。
6. 封行后，喷水带喷出的水受茎和叶片的遮挡，导致灌溉和施肥不均匀。
7. 喷水带一般逐条安装开关，不设轮灌区，增加了操作成本。

小面积（几亩*、十几亩）情况下，喷水带是经济有效的灌溉方式。但在大面积（几十亩、上百亩）情况下，喷水带管理耗工量大，不是一个适宜的灌溉模式。

田间胡萝卜应用喷水带的场景

* 亩为非法定计量单位，1亩=1/15公顷。——编者注

微喷灌

微喷灌是利用微喷头将压力水流以细小水滴喷洒在土壤表面或者叶面的灌溉方式。单个微喷头的喷水量一般在50～250升/小时，射程一般小于7米。旋转式微喷头是田间广泛应用的微喷头种类。微喷灌有两种：一种是固定式微喷灌，适合在大棚种植时应用，将微喷头安装在棚架上的PE管上，向下喷水。田间则需要竖水泥桩或者其他支架，在支架上安装PE管，PE管上安装微喷头。这种安装方法可以克服喷水带的不足，喷水喷肥更均匀。另一种是安装在田间的移动式微喷灌。整好地后安装微喷灌系统，收获前拆装，可以反复使用。

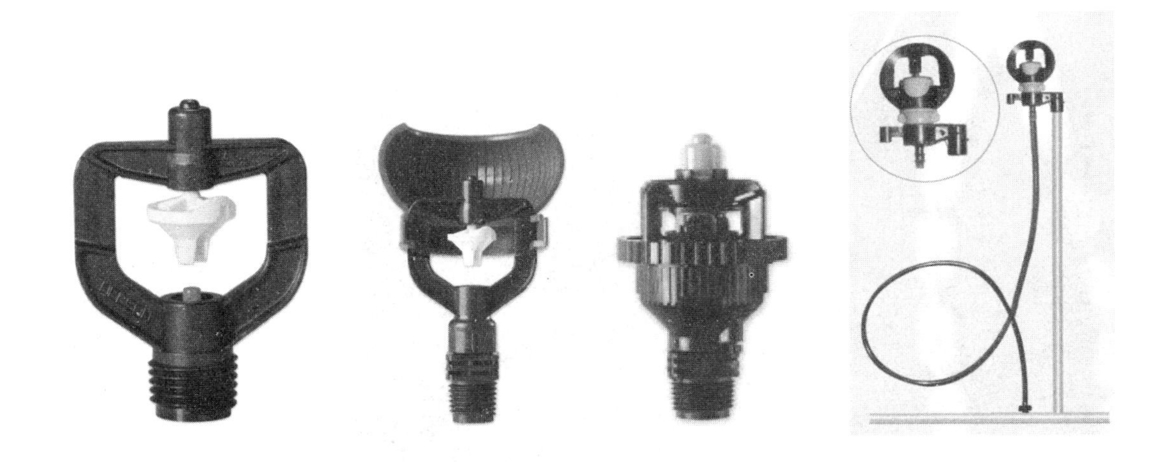

胡萝卜田间倒置安装的微喷灌，微喷头的间距与射程有关。射程越大，间距越大。

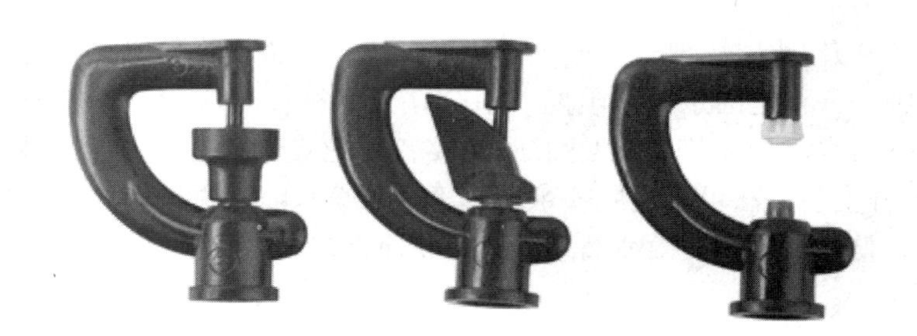

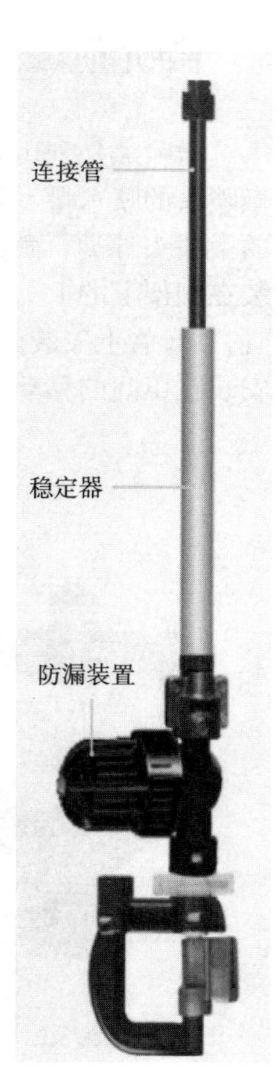

大田萝卜或者胡萝卜可以应用固定式喷灌或者半固定式喷灌。固定式喷灌将输水管埋在垄面下，在输水管上安装露出地面的支管，装摇臂式喷头。半固定式喷灌是将输水管放在垄沟的地面上，输水管上装竖立的支管，顶端安装喷头。整地后安装，收获前撤装，下一次再安装使用。

半固定式喷灌系统

移动式喷灌系统

移动喷灌机灌溉

移动喷灌机主要有三种，分别是中心支轴式喷灌机、平移式喷灌机和卷盘式喷灌机。目前最常使用的是中心支轴式喷灌机和平移式喷灌机，这两种喷灌机适合在大面积土地上使用，而针对中等面积的土地，可以选择卷盘式喷灌机。

中心支轴式喷灌机

中心支轴式喷灌机是将装有喷头的管道支承在可自动行走的支架上，围绕供水系统的中心点边旋转边喷灌的大型喷灌机械。它的灌溉范围呈标准的圆形，根据土地面积的大小，来安装适宜大小的喷灌机。这种喷灌机在农业上应用广泛，从数百亩至数千亩以上的土地灌溉均适用。

大田胡萝卜应用时针式喷灌机灌溉

中心支轴式喷灌机的优点

1. 自动化程度高：一人可同时控制多台喷灌机，灌溉省工省力，工作效率高。
2. 灌水均匀：均匀系数可达85%以上。
3. 能耗低、抗风能力强。
4. 适应性强：爬坡能力强，几乎适宜所有的作物和土壤。
5. 一机多用：可喷施化肥与农药。
6. 对水质要求低，简单过滤即可。

中心支轴式喷灌机的不足

1. 地块边角部分无法灌溉：中心支轴式喷灌机行走路线是一个圆形，对于方形地块边角部分无法灌溉。
2. 在高温季节易形成高温高湿的环境，提高病害的发病率。
3. 一次性投资较大。
4. 全区域灌溉，苗期未封行时浪费水肥。

中心支轴式喷灌机是目前使用率最高的一种喷灌机，比较适合萝卜和胡萝卜大面积的水肥自动化管理。

卷盘式喷灌机

1. 结构简单紧凑，机动性强。
2. 操作简单，只需 1～2 人操作管理，可昼夜工作，可自动停机。
3. 控制面积大、生产效率高。
4. 便于维修保养，喷灌作业完毕可拖运回仓库保存。
5. 喷灌机要求田间留 2.5～4 米宽的作业道。
6. 输水 PE 管水头损失较大，机组入口压力较高。
7. 适合于大型农场或集约化作业。
8. 要注意单喷头工作时水滴对作物的打击。

大田胡萝卜使用卷盘式喷灌机灌溉

移动喷灌机灌溉的优点

1. 适应范围广，适合平地和一定坡度的缓坡地。
2. 水滴的打击力比固定式喷灌小，不会损伤叶片和植株。
3. 抗堵塞性能好（对水质和肥料的要求低）。
4. 使用寿命长，操作自动化，维护费用低。
5. 灌溉均匀，对质地较轻的土壤（如沙壤土）可以少量多次快速补水肥。

移动喷灌机灌溉的不足

1. 水分利用效率比滴灌低。移动喷灌机是全田喷水，特别是苗期喷水，存在显著的土面蒸发损失。
2. 苗期喷肥导致杂草多。
3. 喷水时会受风的干扰。
4. 一次性投资较大，适合规模化种植。
5. 在缺水地区可能会影响他人灌溉。

浇灌（拖管淋灌）

一般借助水泵对灌溉水加压，或者在山顶修建水池，借助重力自压，进行浇灌（拖管淋灌）。浇灌方式工作效率低，灌溉量和施肥量的多少完全取决于操作者的人为判断，灌溉和施肥的均匀度无保障，无法实现自动化，只适用于小面积种植。

水肥一体化技术下根菜类蔬菜的主要施肥模式

通过灌溉管道施肥，有多种方法。经常用的有加压拖管淋灌法、泵吸肥法、泵注肥法、比例施肥器法等。

泵注肥法

施肥要选用合适的施肥设备，要求浓度均一、施肥速度可控、工作效率高、可以自动化。

加压拖管淋灌法

在小面积种植情况下，在有蓄水池的条件下，可采用加压拖管淋灌法进行灌溉和施肥。动力来自蓄电池或者小功率汽油发电机，可以用直流电潜水泵或者汽油机泵。原理见下面示意图。该方法主要针对没有电力供应的地方。

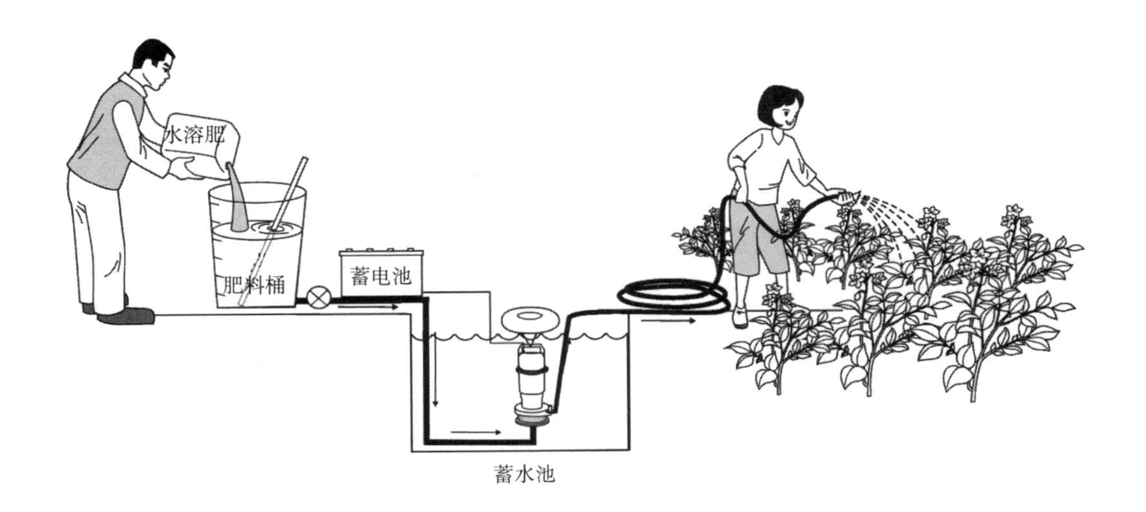

潜水泵的功率一般在 60～370 瓦，流量在 1.0～6.0 米^3/小时，扬程在 4～8 米，淋水管外径 16～25 毫米，电压为 24 伏直流电或 220 伏交流电。也可以用小型的汽油机水泵。

小型汽油机水泵

蓄电池加压

泵吸肥法

泵吸肥法是在首部系统旁边建一混肥池或放一施肥桶，肥池或施肥桶底部安装肥液流出的管道，此管道与首部系统水泵前的主管道连接，利用水泵直接将肥料溶液吸入灌溉系统。

主要应用在用水泵对地面水源（蓄水池、鱼塘、渠道、河流等）进行加压的灌溉系统施肥，这是目前大力推广的施肥模式。如应用潜水泵加压，当潜水泵位置不深的情况下，也可以将肥料管出口固定在潜水泵进水口处，实现泵吸水施肥。

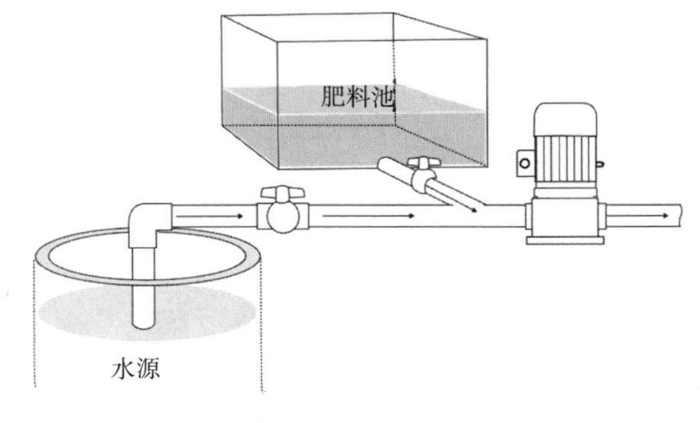

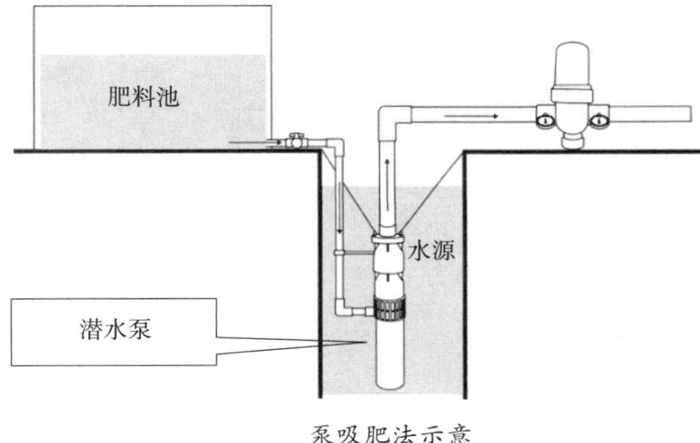

泵吸肥法示意

施肥时，先根据轮灌区面积的大小计算施肥量，将肥料倒入混肥池或其他容器。开动水泵，放水溶解肥料，同时让田间管道充满水。打开肥池出肥口的开关，肥液被吸入主管道，随即被输送到田间。

施肥速度和浓度可以通过调节肥池或施肥桶出肥口球阀的开关位置实现。

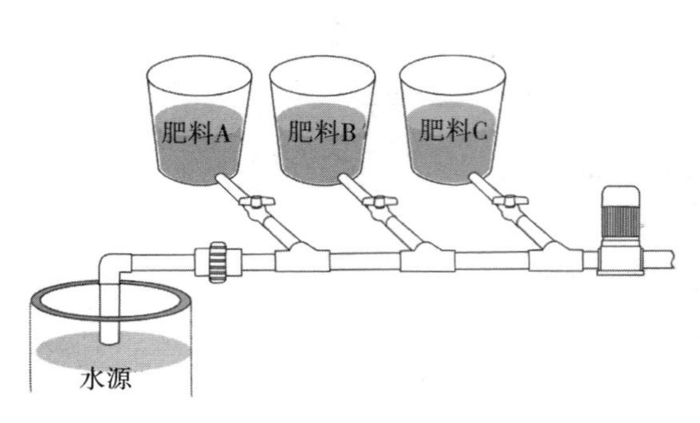

对小面积地块，建议采用移动式灌溉施肥设备，采用汽油泵或柴油泵加压，安装叠片过滤器和施肥桶，采用泵吸肥法。

泵吸肥法的优点

1. 设备和维护成本低。
2. 操作简单方便。
3. 不需要外加动力就可以施肥。
4. 可以施用固体肥料和液体肥料。
5. 施肥浓度均匀，施肥速度可以控制。
6. 当放置多个施肥桶或施肥池时，可以多种肥料同时施用（如磷酸一铵、硫酸镁、硝酸铵钙等）。此时进肥口必须间隔 50 厘米以上。

泵吸肥法的不足

1. 不适合自动化控制系统。
2. 不适合用在潜水泵放置很深的灌溉系统。

泵注肥法

泵注肥法是利用加压泵将肥料溶液注入有压管道而随灌溉水输送到田间的施肥方法。

通常注肥泵产生的压力必须要大于输水管内的水压，否则肥料注不进去。

对于用深井泵或潜水泵加压的系统，泵注肥法是实现灌溉施肥结合的最佳选择。泵在地面时也可以用泵注肥法。

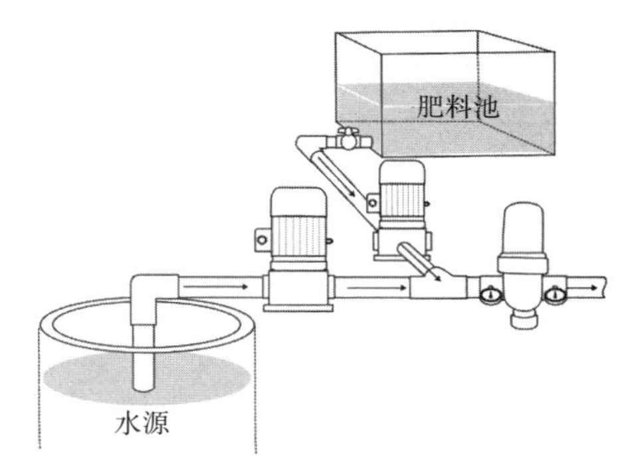

泵注肥法示意（一）

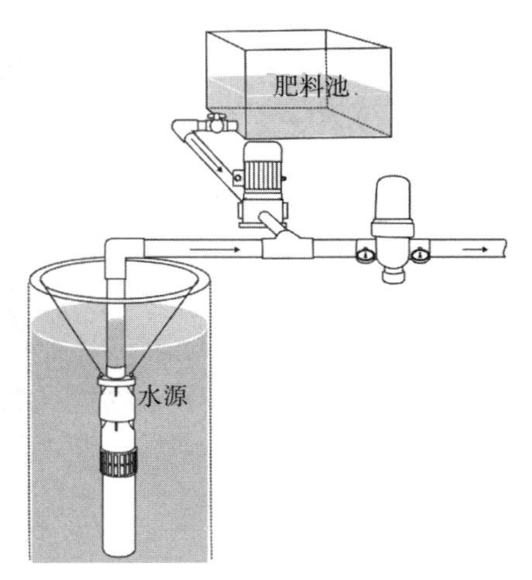

泵注肥法示意（二）

注肥泵一般采用聚丙烯离心泵，有电力、汽油或柴油驱动多种种类。国外将施肥罐和注肥泵固定在拖斗上，施肥时将肥料拉到灌溉首部，连接到注肥口开始注肥，施肥完毕拉回仓库存放。注肥泵种类很多，基本要求是流量小、扬程大（大于水泵的扬程）、耐腐蚀。

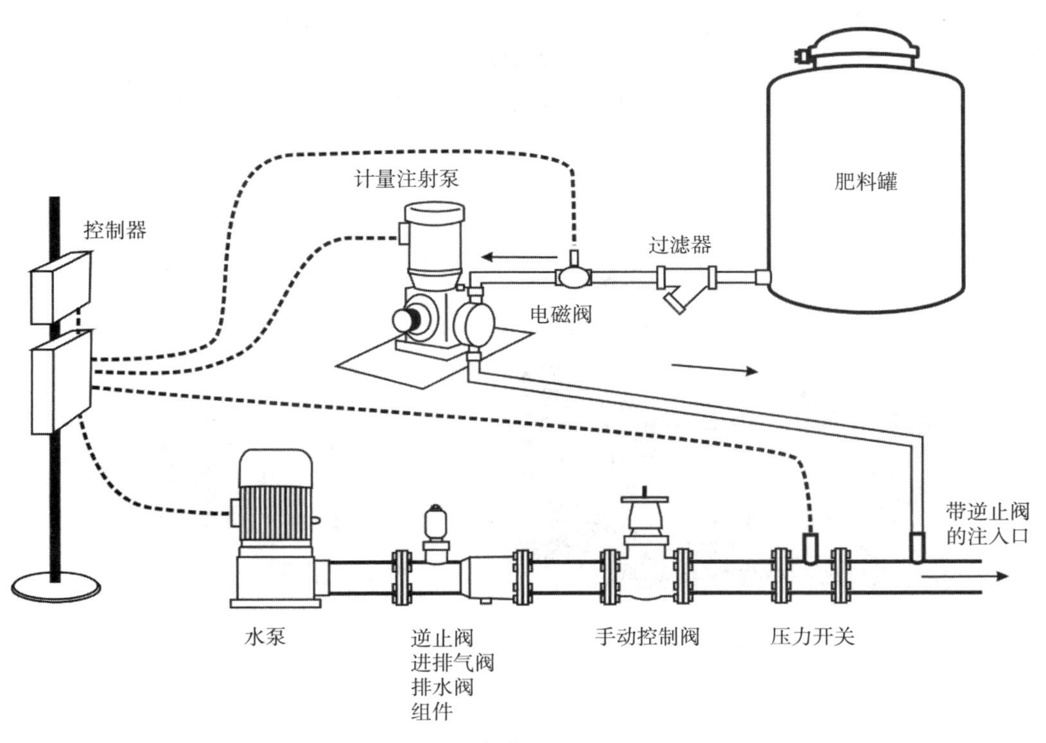

大型喷灌机注肥原理

大型喷灌机的施肥国外通常选用柱塞泵或隔膜泵，采用电力驱动，注肥流量不受灌溉管道中压力变化的影响，施肥浓度均一，自动化控制。一般选用泵的流量为200～300升/小时，最大工作压力1.0兆帕。柱塞式施肥泵一般为双缸，电机功率0.37千瓦，转速1 420转/分钟。注肥泵连接流量计、变频器及自动控制系统。施肥桶上通常标有液位刻度。

柱塞式施肥泵

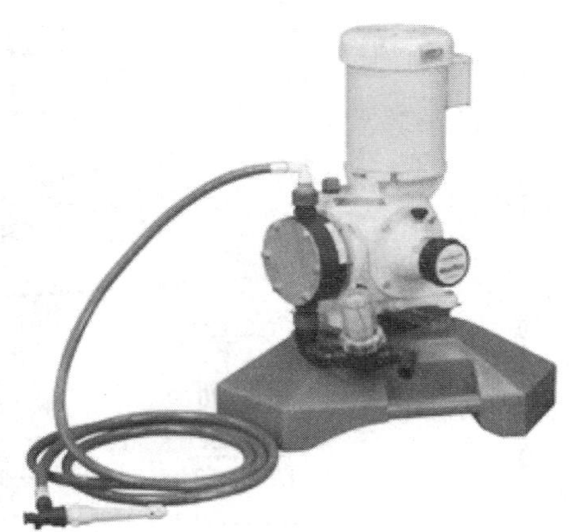

隔膜式施肥泵

VALLEY
用于喷灌机的柱塞式施肥泵

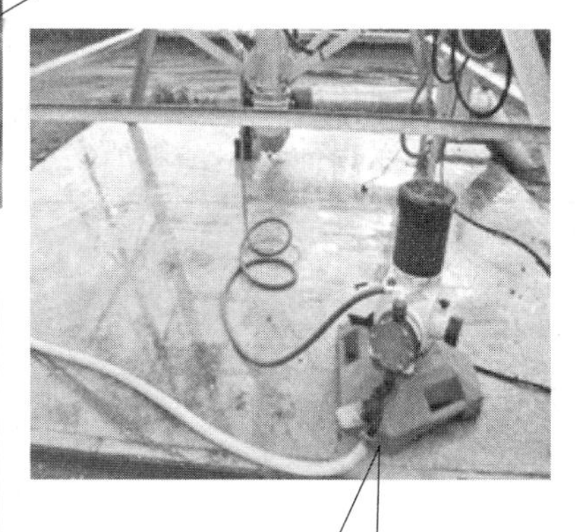
用于喷灌机的隔膜施肥泵

泵注肥法的优点

1. 设备和维护成本低。
2. 操作简单方便，施肥效率高。
3. 适于在井灌区及有压水源使用。
4. 可以施用固体肥料和液体肥料。
5. 施肥浓度均匀，施肥速度可以控制。
6. 对施肥泵进行定时控制，可以实现简单自动化。
7. 喷灌机采用泵注肥法，可以精确控制施肥浓度。
8. 可以提前蓄水溶解肥料，克服井水低温对肥料溶解的影响。

泵注肥法的不足

1. 在灌溉系统以外要单独配置施肥泵。
2. 如经常施肥，要选用化工泵，以防腐蚀。

比例施肥器法

比例施肥器是一种精确施肥设备，由施肥器将肥液从敞开的肥料罐（桶）吸入灌溉系统。动力可以是水力、电力、内燃机等。目前常用的类型有膜式泵、柱塞泵、施肥机等。由于价格昂贵，在生产中少有应用。

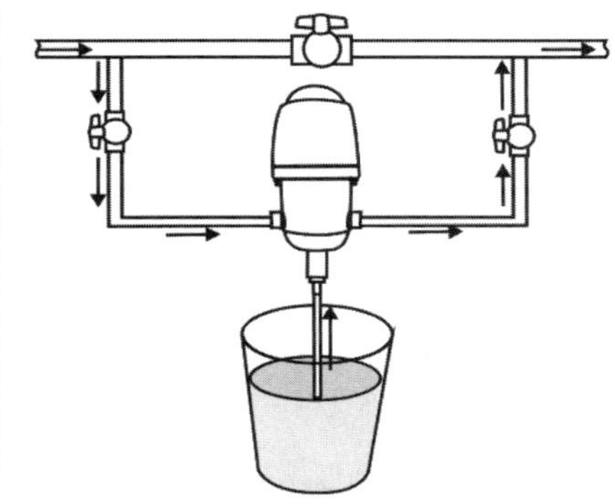
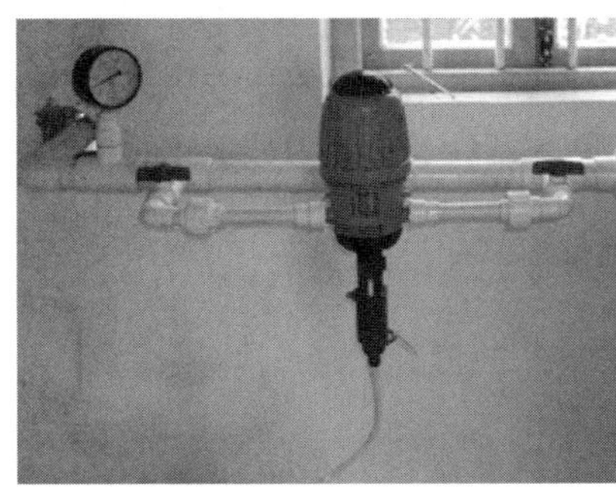
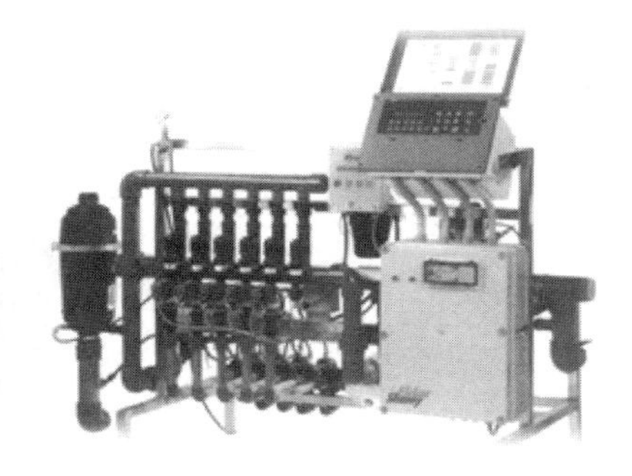

比例施肥器的优点

1. 没有水头损失，不受水压变化的影响。
2. 可以使用固体肥料和液体肥料按比例施肥，施肥速度和浓度均匀，施肥浓度容易控制。
3. 适合于自动化控制系统。

比例施肥器的不足

1. 设备昂贵。
2. 装置复杂，维护费用高。
3. 操作复杂。

对大面积种植基地，为了加快固体肥料的溶解，建议建溶肥池。溶肥池可以用混凝土建造，也可以在地面挖坑，盖防渗布。在肥料池内安装搅拌设备。一般搅拌桨要用 304 或 304L 不锈钢制造，减速机根据池的大小选择，一般功率在 1.5～3.5 千瓦，转速约 60 转/分钟。

建议淘汰施肥罐

施肥罐是国外20世纪80年代使用的施肥设备，现在基本淘汰。施肥罐存在很多缺陷，不建议使用。

1. 施肥罐工作时需要在主管上产生压差，导致系统压力下降。压力下降会影响滴灌或喷灌系统的灌溉施肥均匀性。
2. 通常的施肥罐体积都在几百升以内。当轮灌区面积大时施肥数量大，需要多次倒入肥料，耗费人工。
3. 施肥罐施肥肥料浓度是变化的，先高后低，无法保证均衡浓度。
4. 施肥罐施肥看不见，无法简单快速地判断施肥是否完成。
5. 在利用地下水直接灌溉的地区，由于水温低，肥料溶解慢。
6. 施肥罐通常为碳钢制造，容易生锈。
7. 施肥罐的两条进水管和出肥管通常太小，无法调控施肥速度，无法实现自动化施肥。

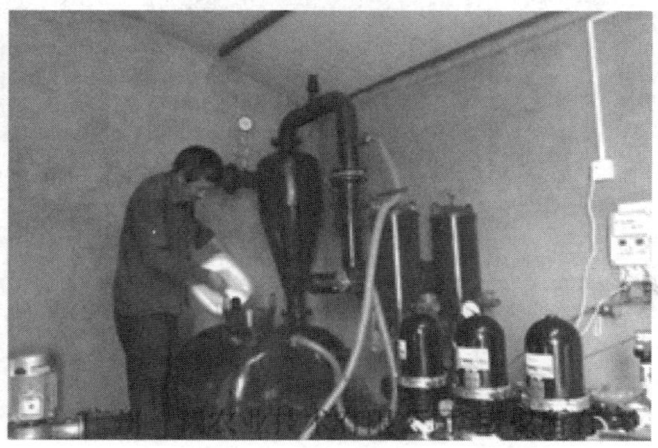

水肥一体化技术下根菜类蔬菜施肥方案的制定

有了灌溉设施和施肥方法之后，接下来最核心的工作就是制定施肥方案。只有制定合理可行的施肥方案，才能实现真正意义上的水肥综合管理。

萝卜/胡萝卜施肥方案

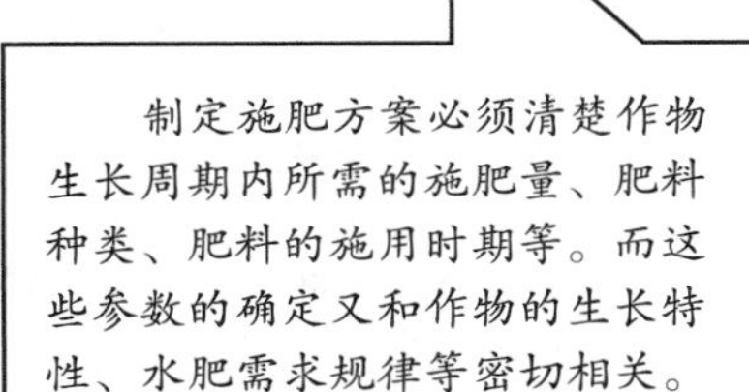

根菜类蔬菜水分管理

在根菜类蔬菜整个生长季节，浇水是最频繁的一项工作。根菜类蔬菜最适合在沙壤土上种植，但沙壤土保水能力差，浇水更加频繁。什么时候浇水，什么时候停止，长期以来都是凭经验。怎样才能够判断土壤水分是否适宜呢？

其实啊，这个问题很简单，我们把握一点就可以了，根菜类蔬菜整个生长过程中所需的水分大部分都是由根系吸收的，根系吸收不到的地方，水分再多，也没有效果。我们只需要保持根层土壤湿润就可以满足作物对水分的需求，这样既不会浪费水，还可以保证养分不被淋失，一举两得。湿润程度根据不同的生育时期和天气来确定，要保证水分与通气相协调，土壤不宜积水。对根菜类蔬菜来讲，收获时也要保证土壤有一定湿度。

有没有既简便又实用，而且不需要使用仪器就可以判断是否需要灌溉的方法呢？

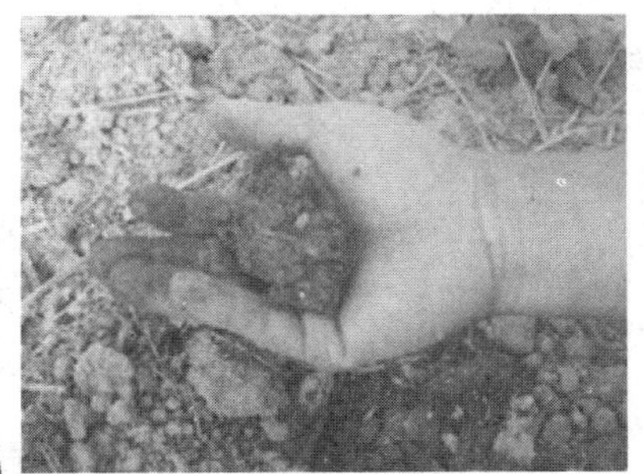

对于沙土而言，将根系部位的土壤挖出来，能捏成团，则说明土壤湿度适宜，无法捏成团则说明需要补充水分。

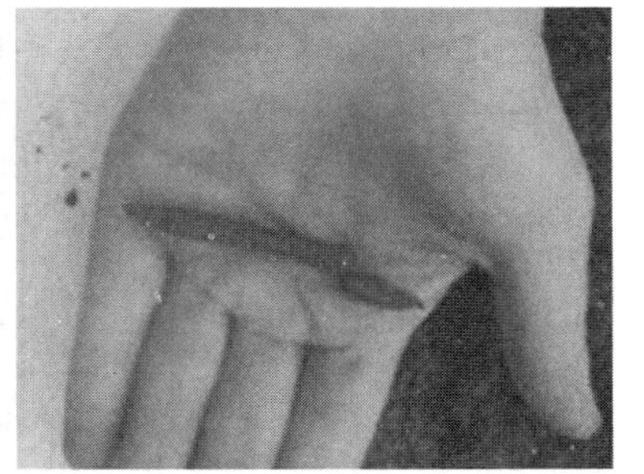

对于壤土或黏壤土，土壤能搓成条则说明土壤湿度适宜，无法搓成条则表明土壤水分不足，需要灌溉。

张力计是国外田间应用广泛的一种土壤水分监测设备，可用于监测土壤水分状况并指导灌溉。

根菜类蔬菜大部分根系都分布在0~30厘米的土层中，当用张力计监测土壤水分状况时，仅需将一根张力计埋设在30厘米土深处即可。土壤湿度保持在田间持水量的60%~80%时，适宜作物生长，即土壤张力计读数在10~20厘巴范围。超过20厘巴时，表明土壤湿度低于60%，需要开始灌溉。当压力表上指针显示为0时，表明土壤水分已经饱和。如果长时间处于这种状态，则需要排水。张力计不适宜用于沙壤土和黏土，张力计的陶瓷头要与土壤密切接触，否则指示不准确。

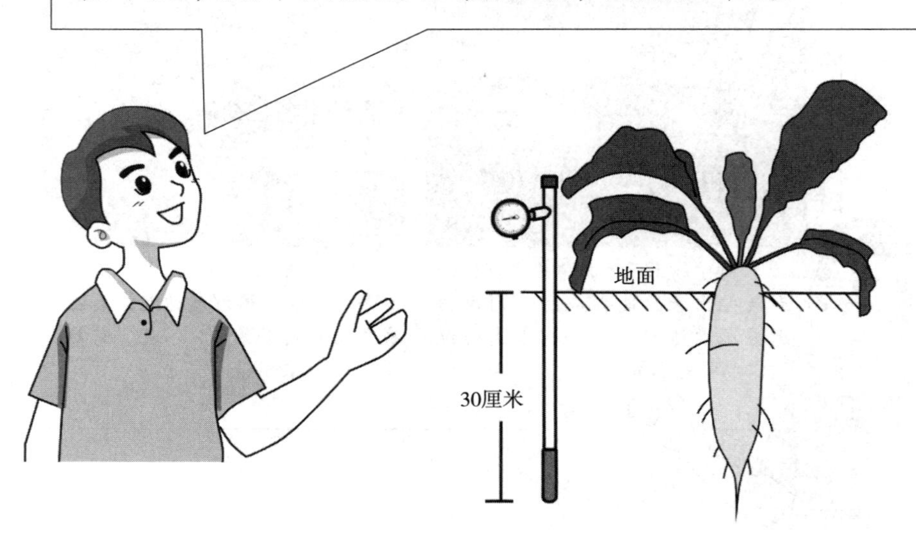

应用“灌溉深度监测仪”来指导根菜类蔬菜灌溉更加方便可靠。将集水盘埋到根系分布的位置（30厘米深度），开始灌溉，当整个30厘米深度水分饱和后，部分水分进入集水盘，通过孔口进入最底端的集水管，将套管中的浮标浮起来，表明根层已灌足水，要停止灌溉。用注射器将集水管中的水抽干，浮标复位，等待指导下一次灌溉。此方法不受土壤质地及灌溉方式影响。设备经久耐用。

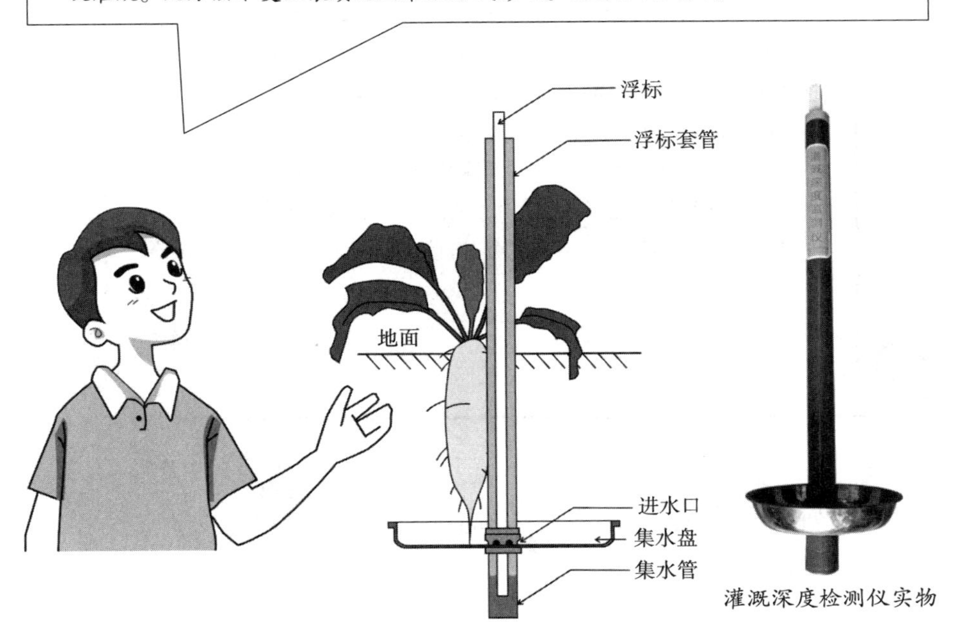

灌溉深度检测仪实物

水肥一体化技术下的肥料选择

水肥一体化技术对肥料的基本要求

肥料的选择是以不影响该灌溉模式的正常工作为标准的。传统的一些固体复合肥或单质肥料因杂质较多或溶解速度较慢，一方面会堵塞过滤器，另一方面溶肥的过程费工费时，不利于灌溉施肥的操作，同时还有可能因此耽误最佳的施肥时间。

用于灌溉施肥系统的肥料可量化的指标有两个：

1. 水不溶物的含量（针对不同灌溉模式要求不同，滴灌情况下杂质含量越低越好，喷水带、喷灌机和淋灌要求低一些。
2. 溶解速度与搅拌、水温等有关，通常要求溶解完不超过10分钟。

易溶解、溶解快是用于灌溉系统肥料的基本要求。

适合用于灌溉施肥系统的肥料

氮肥：尿素、硝酸钾、硝酸铵钙、硫酸铵、硝基磷酸铵、氮溶液（UAN）。

磷肥：磷酸一铵（工业级）、聚磷酸铵。

钾肥：氯化钾（白色）、水溶性硫酸钾、硝酸钾。

复混肥：水溶性复混肥。

镁肥：硫酸镁。

钙肥：硝酸铵钙、硝酸钙。

微量元素肥：硫酸锌、硼砂、硫酸锰及螯合态微量元素肥料等，铁必须用螯合态。

提醒：作物不存在所谓的“忌氯作物”或“非忌氯作物”之分，氯是作物的一种营养元素，通过灌溉系统少量多次施用氯化钾是安全有效、成本更低的。普通农用硫酸钾通常溶解性较差，不宜用于灌溉系统。硝酸钾是根菜类蔬菜的好肥料，在轻度盐化的土壤上是首选肥料，但价格相对较高。氯化钾在盐土上慎用，一旦累积易造成盐害。

提醒：各种有机肥一定要沤腐后将澄清液过滤后放入滴灌系统。有试验表明，有机肥应用于滴灌系统要进行三级过滤，分别是20目、80目和120目。

胡萝卜施肥方案的制定

目标产量法

对于胡萝卜等草本类作物而言，在一定的目标产量下需要吸收多少养分是比较清楚的，借助这些资料可计算具体目标产量下需要的氮、磷、钾总量。根据长期的调查，在水肥一体化技术条件下，氮的利用率为70%～80%，磷的利用率为40%～50%，钾的利用率为80%～90%。因此，可计算出具体的施肥量，然后折算为具体肥料的施用量。

胡萝卜对养分的需求规律

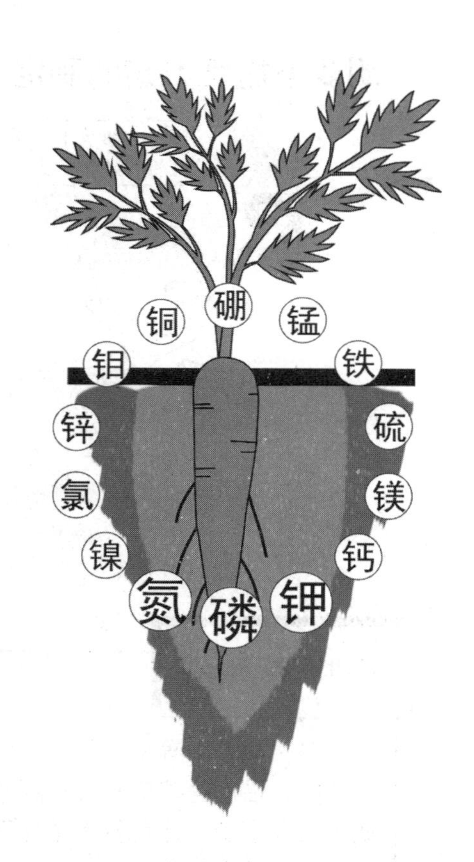

胡萝卜产量高、需肥量大，平均每生产1 000千克的块根，需要吸收氮（N）4.1～4.5千克、磷（P_2O_5）1.7～1.9千克、钾（K_2O）10.3～11.4千克、钙（CaO）3.8～5.9千克、镁（MgO）0.5～0.8千克，吸收比例为1∶0.41∶2.52∶0.11∶0.15，对钾的需求量高。

在不同时期，胡萝卜对氮、磷、钾养分吸收的比例是不相同的，播种至播种后50天内，胡萝卜生长缓慢，养分吸收较少，此时氮吸收量占总吸收量的10%、磷占6%、钾占10%；播种后50～70天，是地上部生长旺盛期，养分需求量迅速提高，氮吸收量占总吸收量的25%、磷占30%、钾占35%；播种后70～110天，是肉质根膨大期，主要的养分在这个阶段被吸收，其中氮、磷需求量较大，钾相对少一些，氮吸收量占总吸收量的65%、磷占64%、钾占55%。

胡萝卜不同时期，对不同养分的需求量不同，所以在制定施肥方案时，特别需要注意不同时期各养分的吸收比例，注意养分之间的平衡。

胡萝卜苗期（播种至播种后50天），需要培育健壮的幼苗和发达的根系，为后期的生长发育和产量奠定基础，此阶段氮比例不可过高，以免造成胡萝卜徒长，苗期氮、磷、钾的适宜比例为1：0.25：2.5。

胡萝卜地上部旺长期（播种后50~70天），其氮、磷、钾吸收比例为1：0.5：3.5，但在实际施肥过程中，可能还需要考虑不同营养元素之间的吸收利用效率。

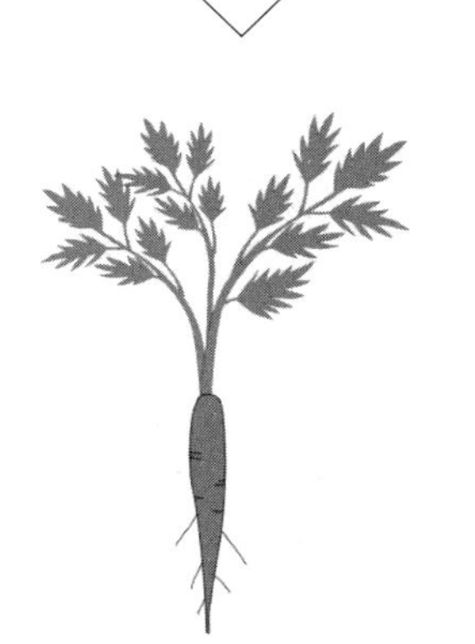

胡萝卜块茎膨大期（播种后70~110天），其氮、磷、钾吸收比例为1：0.4：2.1，此阶段氮和磷的需求量提升，钾的需求比例有所下降，同时注意钙、镁和硼的补充。

注意：胡萝卜氮、磷、钾的吸收比例不等同于施肥比例，施肥比例需要在吸收比例的基础上，根据肥料形态、施肥方法以及土壤肥力情况重新确定。

滴灌下胡萝卜的计划施肥量（在不考虑土壤本底的情况下）：

通常生产1吨胡萝卜需要吸收氮（N）4.1～4.5千克、磷（P_2O_5）1.7～1.9千克、钾（K_2O）10.3～11.4千克，在水肥一体化技术条件下，氮的利用率为70%～80%、磷的利用率为40%～50%、钾的利用率为80%～90%，则每生产1吨胡萝卜实际施肥量是氮（N）5.4～6.0千克、磷（P_2O_5）3.7～4.2千克、钾（K_2O）11.4～12.6千克。以此为参考，很快就可以计算出不同产量水平的计划施肥量。

例如：胡萝卜的目标产量是5吨/亩，那么需要投入的养分是氮（N）27～30千克、磷（P_2O_5）18.5～21千克、钾（K_2O）57～63千克。上述用量是在完全不考虑土壤供肥量的情况下计算出的理论需肥量。由于各地土壤养分状况不同，在此无法有针对性地逐一提出施肥方案。一些地方灌溉水中也含有养分，尤其是硝态氮，情况变得更复杂。精确的施肥方案应该是在测定土壤、灌溉水养分含量及计算有机肥提供的养分含量后再根据目标产量计算的。

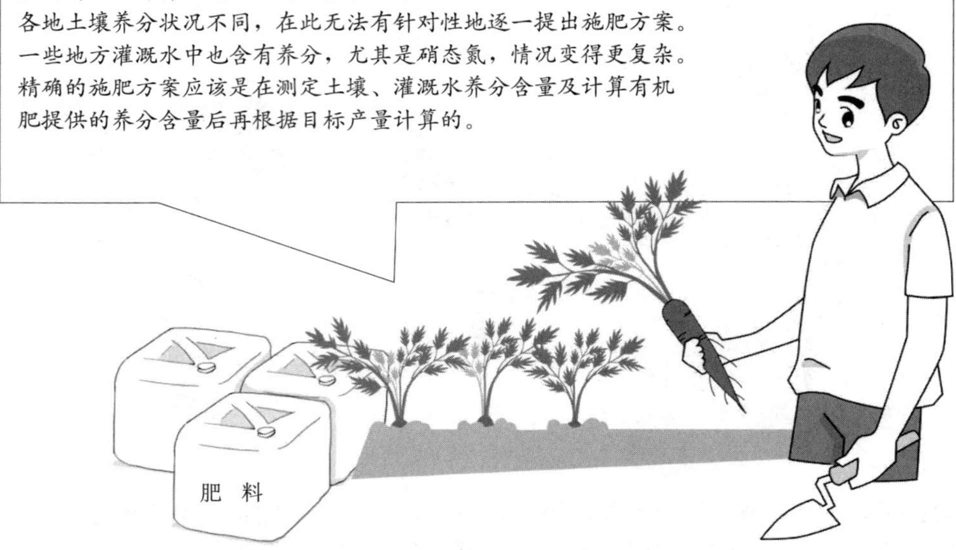

胡萝卜全程滴灌施肥具体方案（千克/亩）

目标产量：5 吨/亩

生育期	施肥次数	有机肥	复合肥（20-0-20）	水溶复合肥（11-6-21）	硝酸钾	硝酸铵钙	硫酸镁
底肥	1	500～1 000	60				
播种后 50～70 天	2			5	5		3
肉质根快速生长期	4			5	5	3	
合计	15	500～1 000	60	50	30	12	6

本方案是在土壤肥力低的沙壤土上设计的。采用底肥加追肥、有机无机结合、全营养水溶肥与单质肥相结合的原则设计，目的是满足作物不同时期对不同营养元素的需求。在土壤施肥的基础上，建议进行叶面喷施微量元素，可以在打药的同时，添加微量元素叶面肥喷施，每次喷施磷酸二氢钾 50g（稀释 500 倍）＋尿素 50g（稀释 500 倍）＋硼酸 30g（稀释 500 倍）。

萝卜施肥方案的制定

萝卜对养分的需求规律

萝卜以氮、磷、钾、钙、镁、硫的需要量最多。幼苗期和叶片生长盛期需氮多，磷、钾少；当肉质根迅速膨大时，磷、钾的需要量剧增，萝卜对氮、磷、钾的吸收量约占总吸收量的80%，以钾最多、氮次之、磷最少。萝卜对氮敏感，缺氮会降低萝卜的产量，在生育初期缺氮对产量的不利影响更为明显，到生育后期，缺氮对产量影响小，此阶段如氮素过剩，磷、钾不足，容易造成地上部贪青徒长。钾素过量会抑制钙、镁、硼等元素的吸收。萝卜对微量元素硼和钼也非常敏感。

每生产1 000千克商品萝卜需氮（N）4～6千克、磷（P_2O_5）0.5～1.0千克、钾（K_2O）6～8千克、钙（CaO）2.5千克、镁（MgO）0.5千克、硫（S）1.0千克，其吸收比例为1∶0.15∶1.4∶0.5∶0.1∶0.2。

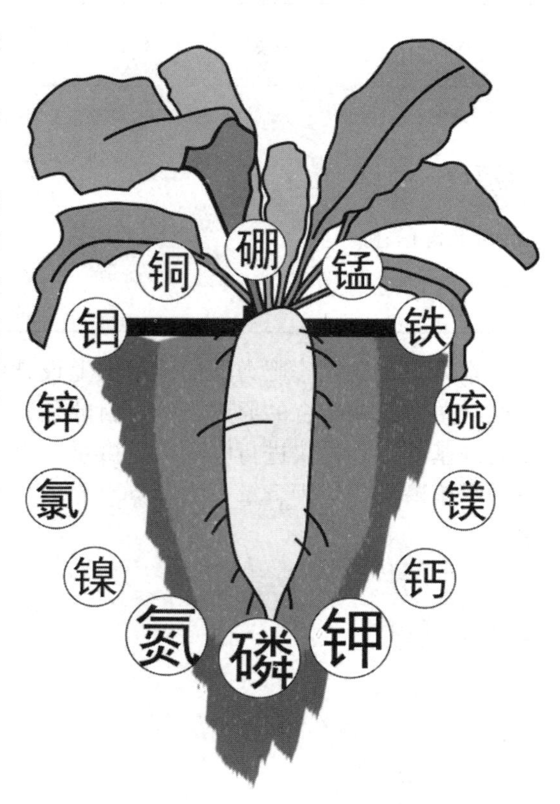

滴灌下萝卜的计划施肥量：

每生产 1 000 千克萝卜，需要吸收氮（N）4～6 千克、磷（P_2O_5）0.5～1.0 千克、钾（K_2O）6～8 千克，在水肥一体化技术条件下，氮的利用率为 70%～80%、磷的利用率为 40%～50%、钾的利用率为 80%～90%，则每生产 1 吨萝卜实际施肥量是氮（N）5～8 千克、磷（P_2O_5）1.1～1.8 千克、钾（K_2O）7.5～10 千克。以此为参考，很快就可以计算出不同产量水平的计划施肥量。例如：萝卜的目标产量是 4 吨/亩，那么需要投入的养分是氮（N）20～32 千克、磷（P_2O_5）4.5～7.0 千克、钾（K_2O）30～40 千克。如果土壤比较肥沃，还可以参考以往的种植经验酌情调整。由于各地土壤养分状况不同，在此无法有针对性地逐一提出施肥方案。一些地方灌溉水中也含有氮、磷、钾养分，情况变得更复杂。精确的施肥方案应该是在测定土壤、灌溉水养分含量及计算有机肥提供的养分含量后再根据目标产量计算的。

萝卜全程滴灌施肥具体方案（千克/亩）

目标产量：4 吨/亩

生育期	施肥次数	有机肥	复合肥（15-15-15）	氮溶液	水溶性复合肥（10-16-10＋TE）	硝酸钾	硝酸钙镁
底肥	1	500～1 000	50				
2～3 片真叶期	1			2	2		2
破肚期	1			5	5		3
露肩期	1			5		5	3
肉质根生长盛期	1				3	7	3
合计	5	500～1 000	50	12	10	12	11

本方案是在不考虑土壤本底养分的情况下设计的，适合沙壤土低肥力情况。方案采用底肥加追肥、有机无机结合、多营养水溶肥与单质肥相结合的原则设计，目的是满足作物不同时期对不同营养元素的需求。在土壤施肥的基础上，建议进行叶面喷施微量元素，可以在打药的同时，添加微量元素叶面肥喷施，每次喷施磷酸二氢钾 50g（稀释 500 倍）＋尿素 50g（稀释 500 倍）＋硼酸 30g（稀释 500 倍）。

植株体内的营养是否平衡和丰富，一般会从长势和叶片颜色上表现出来。但等到发现缺素症状，再施肥矫正已经太迟了。国外通常的做法是定期测定成熟叶片的养分含量，以正常生长的叶片指标作为标准，测定值与标准值对比，就知道植株营养是否正常，这项技术称为“叶片分析技术”。通俗讲，即给作物做体检。

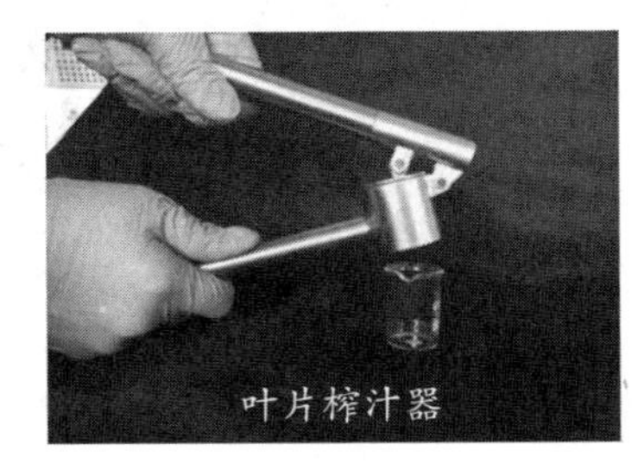

叶片榨汁器

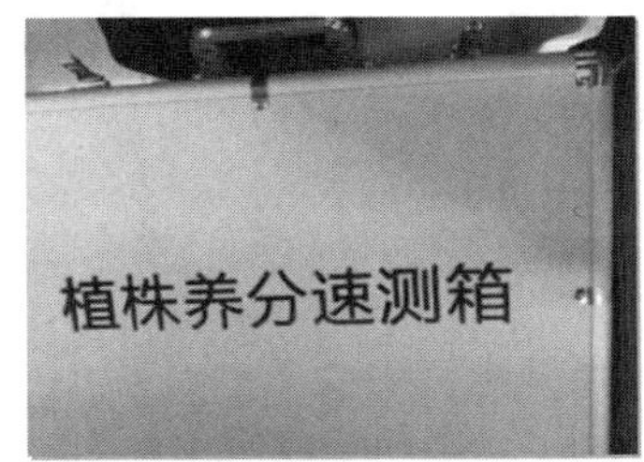

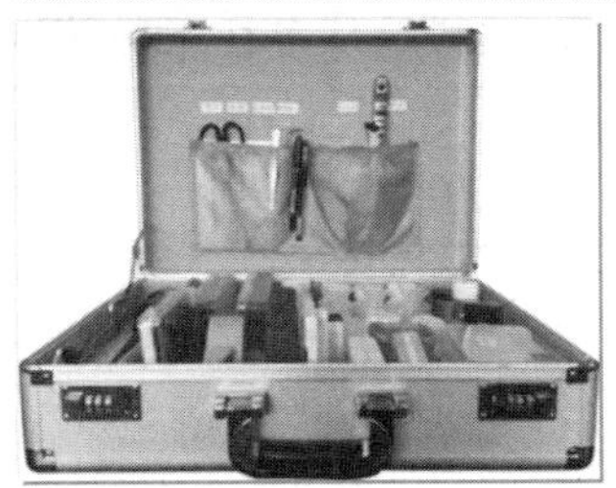

硝态氮测定仪

叶片中的营养状况可以反映整个植株的营养状况。定期检测成熟叶片的养分含量，可以了解作物的养分是否丰足和平衡。对块根类作物通常取叶片榨汁，直接测定汁液内的硝态氮、磷酸根及钾离子浓度，参照丰缺值判断是否缺乏，计算各离子浓度的比值来判断养分是否平衡。淮山药的标准值种植户可以自己建立，生长正常的淮山药叶片的养分含量即为标准值。具体操作参见速测箱说明书。

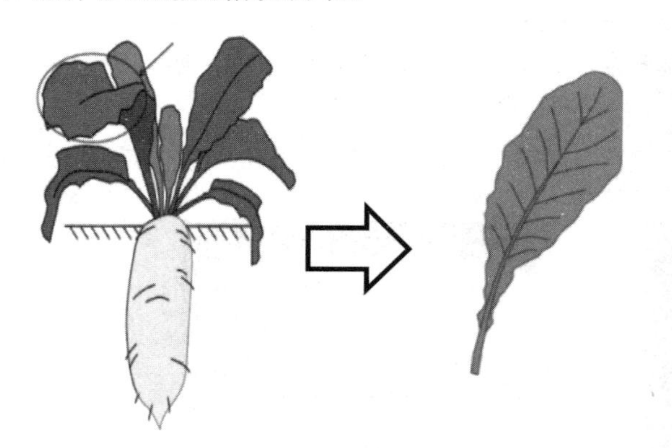

萝卜叶片取样示意

最内的成熟叶，一般是从上往下数第四或第五片叶，使用整片叶榨汁。胡萝卜类似。

作物	生长日期	硝态氮（N，毫克/千克）	磷（P_2O_5，毫克/千克）	钾（K_2O，毫克/千克）
萝卜	块根膨大期	200～400	20～55	3 000～5 000
胡萝卜	块根膨大期	350～500	35～70	3 000～5 000
洋葱	鳞茎膨大期	250～400	25～40	3 500～5 000
生姜	块根膨大期	300～400	20～40	4 000～6 000

水肥一体化技术下根菜类蔬菜施肥应注意的问题

土壤酸碱性问题

了解土壤酸碱性非常重要。土壤变酸后线虫多，易发生锰毒、铝毒。磷的有效性与土壤酸碱性有很大关系，微酸性至中性土壤条件下磷的有效性最高。土壤变碱后会产生氨挥发，铁、锰、锌等微量元素失效。

测定土壤酸碱性非常简单。在田间取根层土壤，加水制成过饱和泥浆（一般水土比为1∶1），用精密 pH 试纸现场测定。如果要精密测定，必须多制样，将悬浮液静置一小时用笔式 pH 计测定上清液，或者用手持 pH 计插入土壤中直接读数。一般要求土壤 pH 在 5.5～7.0，pH 低于 5.5 偏酸性、大于 7.5 偏碱性。

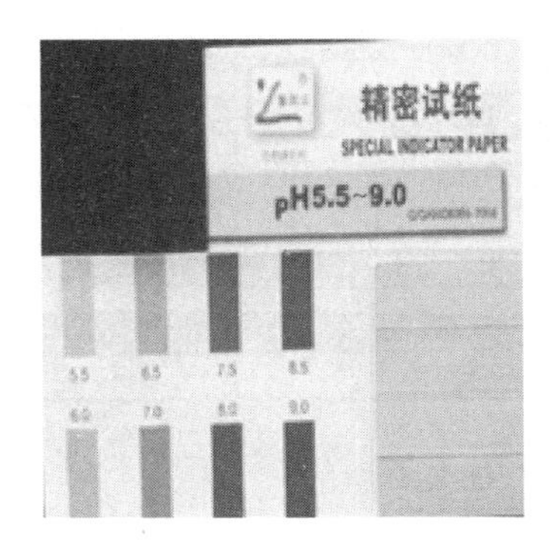

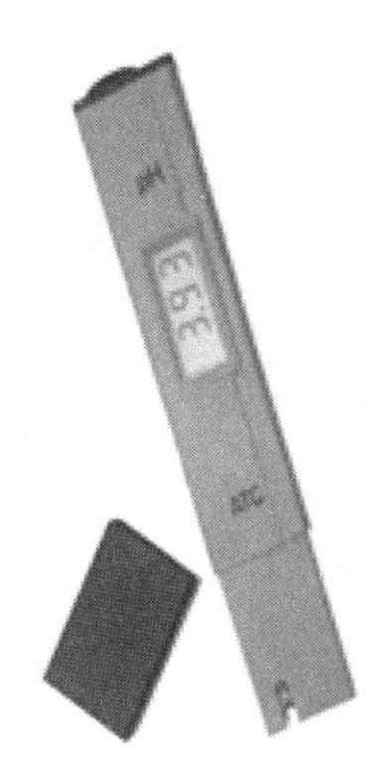

土壤的 pH 与养分的有效性密切相关，如锰、硼、锌在酸性土壤有效性高，而钼在碱性土壤有效性高。磷在土壤 pH 小于 6.0 时有效性大幅度下降。

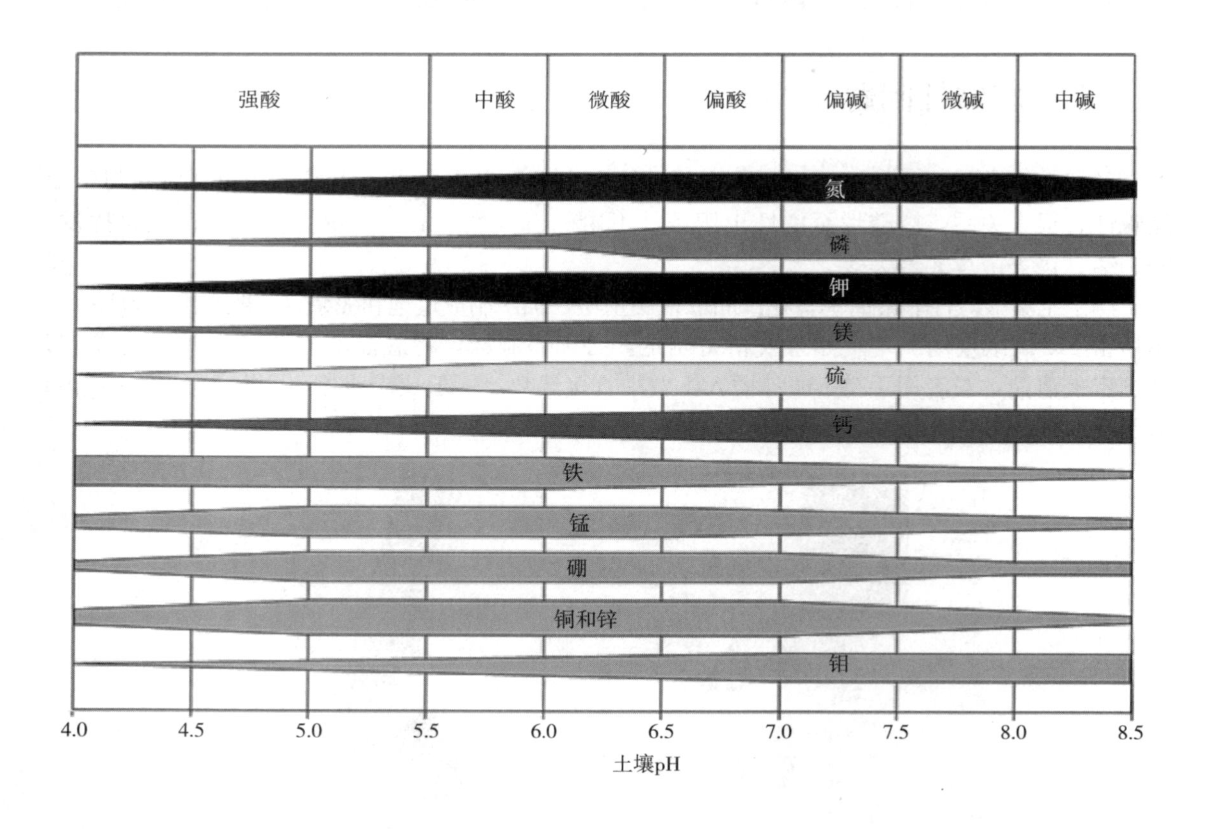

盐害问题

了解土壤的盐分含量非常重要。土壤盐分过多会造成直接的盐害，引起生理失水，打破养分的平衡，抑制植株生长。过量施肥抑制生长、底肥太多靠近种子会烧种、喷肥浓度太高烧叶的本质都是盐害。

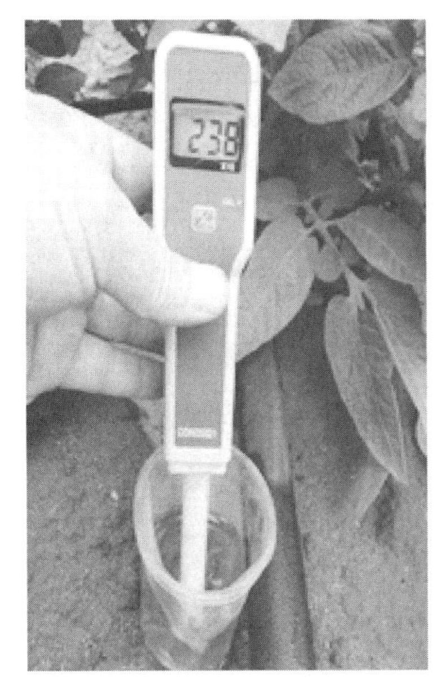

用电导率仪测定土壤及灌溉水的电导率

测定土壤盐分含量非常简单，以电导率表示（Ec值）。在田间取根层土壤，加水制成过饱和泥浆（一般水土比1∶1），放置半小时，取上清液用电导率仪测定。如果测定值大于4.0毫西/厘米，表明该土壤是盐土。

考虑到喷施肥料的安全性，一般要求肥料浓度要低于0.2%，或稀释500倍以上。如每亩每次喷施10米^{3}水，施肥量为10千克，则稀释浓度为0.1%。滴灌一般不用担心肥料浓度过高问题，绝大部分情况下肥料都稀释了500倍以上。

萝卜是对土壤盐分敏感的作物。萝卜正常生长要求土壤Ec值低于1.2毫西/厘米。Ec值2.0毫西/厘米、3.1毫西/厘米、5.0毫西/厘米和8.9毫西/厘米时，分别抑制生长达到10%、25%、50%和100%，即土壤Ec值达到10毫西/厘米时，萝卜完全不能生长。胡萝卜正常生长要求土壤Ec值低于1.0毫西/厘米。Ec值1.7毫西/厘米、2.8毫西/厘米、4.6毫西/厘米和8.1毫西/厘米时，分别抑制生长达到10%、25%、50%和100%。淮山药的耐盐值可参照胡萝卜。

注意施肥的安全浓度

经常用手持电导率仪插入根区监测肥料浓度。监测时土壤处于湿润状态。电导率值过低，表明肥料浓度低，根系吸收养分不足，要及时追肥；电导率值过高，表明肥料浓度高，根系可能处于盐分胁迫状态，养分无法被正常吸收，生长受抑制。（注：电导率值简称Ec值。单位：毫西/厘米，mS/cm； 或者微西/厘米，μS/cm。1 mS/cm=1 000 μS/cm)

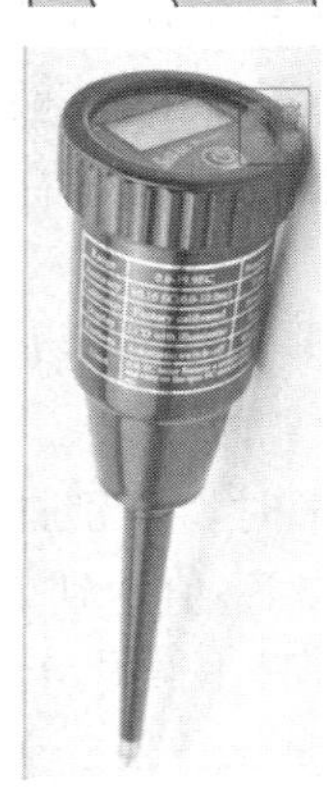

手持电导率仪可以直接插入土壤测定盐分含量，要求土壤处于湿润状态，干燥的土壤测不准确。

养分平衡问题

特别在滴灌施肥条件下，根系生长密集、量大，这时对土壤的养分供应依赖性减小，更多依赖于通过滴灌提供的养分，因此，对养分的合理比例和浓度有更高要求。尤其在沙土上，各种养分都缺乏，此时要高度重视养分平衡，否则极容易出现缺素症，此时多施有机肥可以减少缺素的风险。当采用浅槽栽培淮山药时，由于与底土隔离，此时平衡施肥非常重要，否则可能会出现缺素症状。

1. 如偏施尿素和铵态氮肥会影响钾、钙、镁的吸收（高氮复合肥以尿素为主）。
2. 过量施钾会影响镁、钙的吸收。

养分平衡是根菜类蔬菜高产优质的关键。

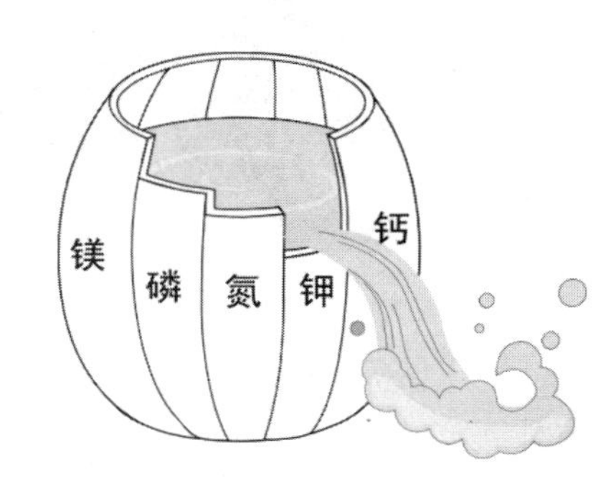

灌溉及施肥均匀度问题

设施灌溉的基本要求是灌溉均匀，保证田间每棵作物得到的水量一致。灌溉均匀了，通过灌溉系统进行的施肥才是均匀的。在田间可以快速了解灌溉系统是否均匀供水。以滴灌为例，在田间不同位置（如离水源最近和最远、管头与管尾、坡顶与坡谷等位置）选择几个滴头，用容器收集一定时间的出水量，测量体积，折算为滴头流量。一般要求不同位置流量的差异小于10%。

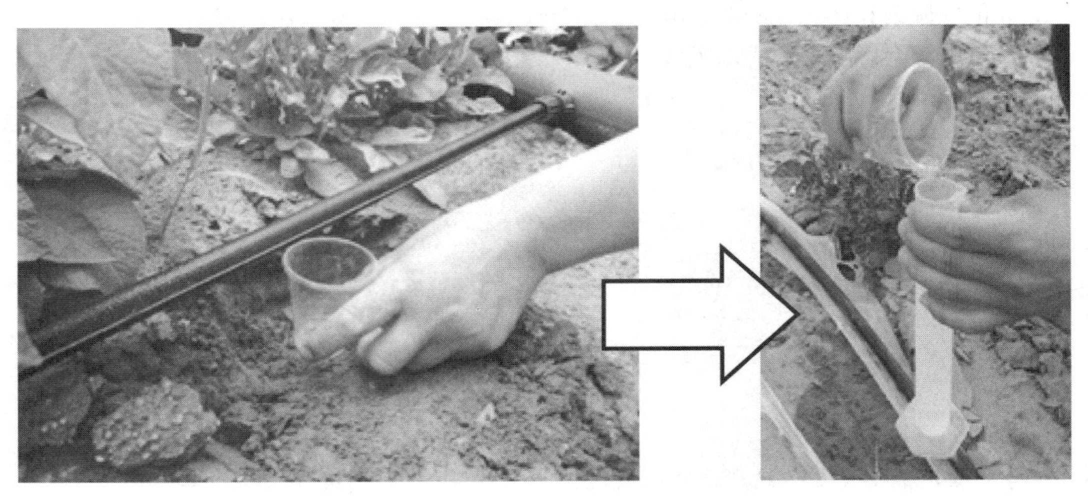

收集水量　　　　测量体积